Der Einfluss von Frauen im Parlament auf die Umweltperformanz

Josefine Dembowski

Bibliografische Information der Deutschen Nationalbibliothek:

Die Deutsche Nationalbibliothek verzeichnet diese Publikation in der Deutschen Nationalbibliografie; detaillierte bibliografische Daten sind im Internet über http://dnb.d-nb.de abrufbar.

ISBN: 9783346763693
Dieses Buch ist auch als E-Book erhältlich.

Druck und Bindung: Books on Demand GmbH, Norderstedt Germany
Gedruckt auf säurefreiem Papier aus verantwortungsvollen Quellen

Das vorliegende Werk wurde sorgfältig erarbeitet. Dennoch übernehmen Autoren und Verlag für die Richtigkeit von Angaben, Hinweisen, Links und Ratschlägen sowie eventuelle Druckfehler keine Haftung.

Das Buch bei GRIN: https://www.grin.com/document/1297519

Universität Greifswald

Institut für Politik- und Kommunikationswissenschaft

Mikromodul: Forschungspraxis vergleichende Politikwissenschaft

Seminar: Umweltpolitik, Performanz, Politikinstrumente, Präferenzen

Thema der Ausarbeitung:

Der Einfluss von Frauen im Parlament auf die Umweltperformanz

Sommersemester 2022

Bachelor of Arts

Teilstudiengang Politikwissenschaft

5. Fachsemester

Josefine Dembowski

Inhaltsverzeichnis

Abstract

Machen Frauen einen Unterschied in der Politik? Dieser Grundfrage geht diese Arbeit nach. Dabei wird sich auf den Einfluss von Frauen im Parlament auf die Umweltperformanz konzentriert. Empirisch wird nachgewiesen, dass Frauen durchaus einen Unterschied machen.

Do women make a difference? This question is the basis of this thesis. Concentrating on the question, if the amount of women in a parliament have an effect on the environmental performance. Empiricaly this thesis proves the statement above true. Women make indeed a difference.

A

1. Einleitung

Eine der größten Bedrohungen des 21. Jahrhunderts ist der globale Klimawandel, mit einer Erderwärmung von 0,6 bis 0,8°C.[1] Dementsprechend reagieren auch einzelne Regierungen und legen einen größeren Fokus auf den Klimaschutz.

50% der vom Klimawandel betroffenen Weltbevölkerung sind Frauen.

Es ist nachgewiesen, dass Frauen sich eher für die Umwelt einsetzen als Männer[2] und dass dieser Einsatz sich positiv auf die Umwelt auswirkt.[3]Gleichzeitig muss man feststellen, dass durchschnittlich nur 23,5% der ParlamentarierInnen auf der Welt Frauen sind.[4] Und das obwohl man weiß, dass mehr Frauen im Parlament die Qualität der Regierung verbessert.[5] Wenn Frauen im Parlament vertreten sind, wirkt sich die positiv auf die Regierung und Gesetze aus. Sehr deutlich zeigt sich dies vor allem bei Themen wie Abtreibung, Häusliche Gewalt und Trafficking.[6]

Es stellt sich also folglich die Frage, ob der Anteil von Frauen im Parlament sich auch auf die Umweltperformanz auswirkt.

Diese Arbeit soll zur immer wachsenden Literatur beitragen und einen empirischen Ansatz bieten. Dafür wird zuerst der aktuelle Literaturstand dargestellt, aus welchem dann die Forschungsfrage und die Hypothesen entstehen. Weiterhin werden die erforderlichen Variablen operationalisiert, mithilfe dessen die Forschungsfrage überprüft werden soll. Dies wird durch eine bivariate lineare Regression erfolgen. Anschließend werden diese Ergebnisse ausgewertet und interpretiert. Die Arbeit endet in einem Fazit.

Für den empirischen Teil der Arbeit wird der im Seminar gegebener Datensatz „Lehrforschung_data2017" und Daten der World Bank Data von 2019 genutzt.

---

1   S. 591, (2015) Energietechnik, Zahoranksky

2   The Gender Gap in Environmental Attitudes

3   Does Women's political empowerment matter for improving the environment

4   p. 272 Invisible Women

5   Dollar et al., 2001

6   The Limits of Gendered Leadership

2. Literaturstand

Ein schnell wachstender Teil der Forschung misst die politische Gleichstellung von Frauen anhand deren Anteil im Parlament und verbindet diese mit sozio-ökonomischen Wirkungen.[7] Eine weitere Verbindung zwischen Feminismus und Klimaschutz, auch ecofeminism genannt, wurde von Sturgon gezogen. Dieser theoretisiert, dass die gleichen Ideologien, welche Rassismus und Geschlechterbenachteiligungen zulassen, auch die Ausnutzung und Zerstörung der Umwelt zulassen.[8] Einer der ersten Studien zu diesem Thema ist von Ergas und York. Diese zeigen, dass Länder, in denen Frauen einen höheren politischen Status haben, weniger CO2 Emissionen aufweisen.[9] Außerdem haben Länder mit mehr Frauen im Parlament auch ein größeres und nachhaltigeres Wirtschaftswachstum,[10] welches zudem auch die Umweltperformanz beeinflusst.[11]

Wie man sieht, hat sich die politikwissenschaftliche Gemeinschaft schon viel mit den Einfluss den Frauen auf die Politik und Gesellschaft haben können beschäftigt. Diese Arbeit soll daher nicht ein klare Forschungslücke schließen, sondern mehr als Erweiterung und Zusatz zu der bereits bestehenden Forschung dienen.

3. Hypothesen und Operationalisierung

Wie bereits oben dargestellt, wird in dieser Arbeit gefragt, wie Frauen im Parlament die Umweltperformanz eines Landes beeinflussen. Da weibliche Politikerinnen eine größeres Interesse an pro-sozialen Problemen zeigen,[12] liegt der Gedanke nicht fern, dass sich dies auch auf Klimaprobleme überträgt. Die Hypothese lautet daher:

H1: Länder mit einem höheren Frauenanteil im Parlament, haben auch eine höhere Umweltperformanz.

---

7   Do female parlamentarians improve environmental quality?

8   Sturgeon, 1997, p. 25

9   Ergas & York, 2012

10   Salahodjaev & Jamilkapoua, 2019

11   Jayasuriya & Burke, 2013

12   Hunter et al., 2004

Die x-zentrierte Fragestellung beinhaltet die Abhänge Variable (AV) **epi** und die
Unabhängige Variable (UV) **Seats**. Epi ist der Environmental Performance Index 2018
der Yale University und ist im Datensatz Lehrfohrschung 2017 aus dem Seminar
enthalten. Die UV Seats kommt von World Bank Data und zeigt den prozentualen Anteil
an Sitzen, den Frauen in den nationalen Parlamenten haben.

Da der Datensatz aus dem Seminar nur aus 36 Länder besteht und sich aufgrund von
Missing Data auf das Jahr 2017 beschränkt, wurden die Daten der UV entsprechend
angepasst. Zudem musste Island als Beobachtung ausgelassen werden, da bei einer der
Kontrollvariablen keine Daten für dieses erfasst wurden. Die beiden Kontrollvariablen
sind Korporatismus (corp)[13] und die CO2 Emissionen metric ton per capita (co2)[14].
Gearbeitet wird folglich mit N = 35.

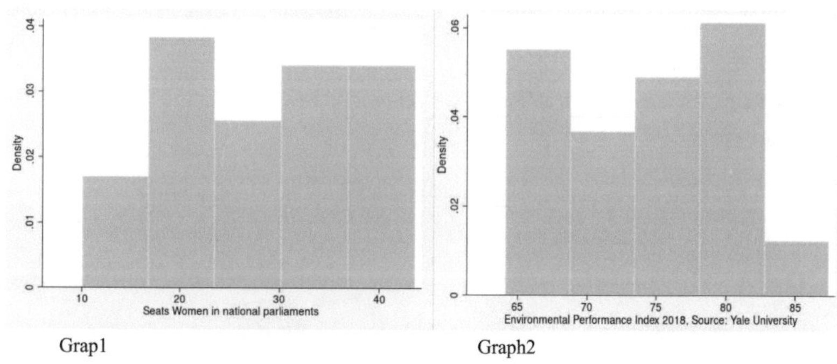

Grap1

Graph2

Lagemaße:	Seats (UV)	Epi (AV)
N	35	35
Arithmetisches Mittel	28,33333	74,078
Median	28,5	74,69
Standardabweichung	9,5466394	6,171853
Skewness	- 0,1790696	- 0,0441013
Kurtosis	1,9661518	2,107408

Tab1

Graph3

Die UV (Graph 3) hat eine Skewness von - 0,179, die AV hat eine Skewness von
– 0,044. Dies zeigt, dass beide Variablen linksschief sind. Zudem sind beide mit einer
Kurtosis von unter 3 etwas spitzer verteilt.

---

13 Jahn 2019

14 World Bank (En. ATM.CO2E.PC)

Die Boxplots bei der UV und AV sowie bei corp zeigen keine Auffälligkeiten. Der Boxplot der Kontrollvariable co2 (Graph3) zeigt jedoch 3 Ausreißer deren CO2-Emissionen über 15 liegen. Diese sind Australien, Canada und Luxembourg. Die USA hat eine Emission von 14, was zwar auch sehr hoch ist, jedoch nicht als Ausreißer gesehen wird.

Um den Zusammenhang zwischen der Unabhängigen und Abhängigen Variable zunächst visuell festzustellen, wurde ein Scatterplot (Graph4) erstellt. Dieser stellt die Beziehung zwischen den Anteilen von Frauen im Parlament und dem Environmental Performance Index an. Hier kann man eine deutlich positive Beziehung sehen. Je höher der Anteil an Frauen im Parlament, desto höher die Umweltperformanz. Dies bestätigt auch Pearsons R mit einem Wert von 0,5046, was zumindestens eine moderate Korrelation annehmen lässt. Es ist jedoch noch nachzuweisen, ob der Anteil von Frauen im Parlament auch kausal für den Anstieg der Umweltperformanz ist.

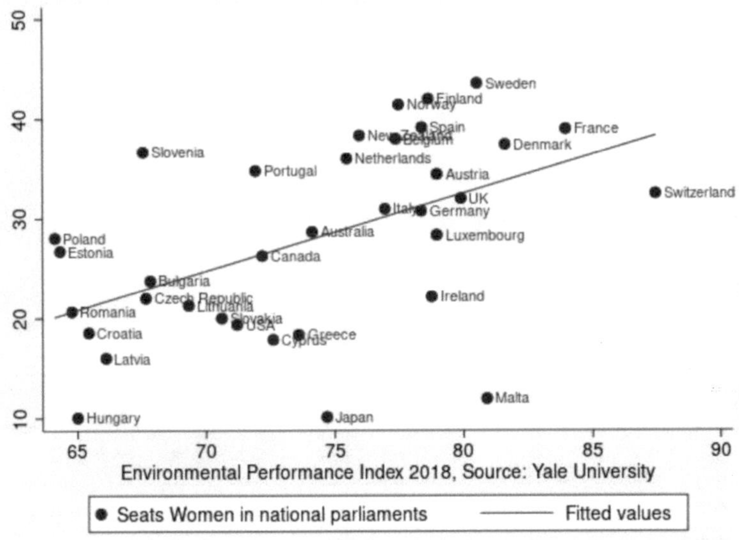

Graph4

Man kann in dem Scatterplot jedoch auch die Ausreißer Schweiz, Malta , Japan und Slovakei erkennen. Ob diese signifikant sind, wird später überprüft.

B

1. Regressionsanalyse

`reg epi Seats`

Source	SS	df	MS			
				Number of obs	=	35
				F(1, 33)	=	11.27
Model	329.74606	1	329.74606	Prob > F	=	0.0020
Residual	965.373989	33	29.2537572	R-squared	=	0.2546
				Adj R-squared	=	0.2320
Total	1295.12005	34	38.0917661	Root MSE	=	5.4087

epi	Coef.	Std. Err.	t	P>|t|	[95% Conf.	Interval]
Seats	.3262203	.0971655	3.36	0.002	.1285356	.523905
_cons	64.97153	2.862314	22.70	0.000	59.14811	70.79495

Graph5

Mithilfe einer bivariaten linearen Regression (Graph5) wird die Signifikanz des oben festgestellten Zusammenhangs zwischen dem Anteil von Frauen im Parlament und der Umweltperformanz geprüft. Der Koeffizient beträt dabei 0,326. Dies heißt, dass wenn der Anteil an Frauen im Parlament um 1% steigt, auch die Umweltperformanz um 0,326 steigt. R^2 liegt bei 0,254. Da bei Ländervergleichen R^2 meistens nicht über 20% steigt, sind die vorliegenden 25,4 % durchaus aussagekräftig. Das Modell ist somit signifikant. Außerdem muss noch die Signifikanz der H1 überprüft werden. Dies geschieht mit dem p-Wert, welcher in diesem Modell den Wert 0,0020 hat. Wenn der p-Wert größer als 0,05 wäre, müsste H1 verworfen werden, da diese dann nicht auf die Grundgesamtheit übertragen werden könnte. Dies ist hier jedoch nicht der Fall. Schlußendlich fällt noch die Konstante auf. Diese sagt aus, dass wenn x = 0 ist, y = 69,3886 ist.

Wenn man nun zu diesem Modell die erste Kontrollvariable (corp) dazunimmt, sieht man einen relativ starken Anstieg von R^2 auf 0,3231 (Graph6). Wenn man stattdessen die zweite Kontrollvariable (co2) dazunimmt, sieht man einen nur leichten Anstieg von R^2 auf 0,2609 (Graph7). Wenn man nun beide Kontrollvariablen zu der Unabhängigen und Abhängigen Variable dazunimmt sieht man einen Anstieg von R^2 auf 0,3238. Ein so starker Anstieg sagt aus, das das Modell eine hohe Erklärungskraft hat.

```
reg epi Seats corp

      Source |       SS           df       MS      Number of obs   =        35
-------------+----------------------------------   F(2, 32)        =      7.64
       Model |  418.504228         2   209.252114   Prob > F        =    0.0019
    Residual |  876.615822        32   27.3942444   R-squared       =    0.3231
-------------+----------------------------------   Adj R-squared   =    0.2808
       Total |  1295.12005        34   38.0917661   Root MSE        =     5.234

------------------------------------------------------------------------------
         epi |      Coef.   Std. Err.      t    P>|t|     [95% Conf. Interval]
-------------+----------------------------------------------------------------
       Seats |   .1870944    .121717     1.54   0.134    -.060835    .4350238
        corp |   3.190385   1.772428     1.80   0.081   -.4199326    6.800702
       _cons |   69.12512   3.605106    19.17   0.000    61.78175    76.46848
------------------------------------------------------------------------------
```

Graph6

```
reg epi Seats co2

      Source |       SS           df       MS      Number of obs   =        35
-------------+----------------------------------   F(2, 32)        =      5.65
       Model |  337.858004         2   168.929002   Prob > F        =    0.0079
    Residual |  957.262045        32   29.9144389   R-squared       =    0.2609
-------------+----------------------------------   Adj R-squared   =    0.2147
       Total |  1295.12005        34   38.0917661   Root MSE        =    5.4694

------------------------------------------------------------------------------
         epi |      Coef.   Std. Err.      t    P>|t|     [95% Conf. Interval]
-------------+----------------------------------------------------------------
       Seats |   .3266183   .0982595     3.32   0.002    .1264702    .5267665
         co2 |  -.1402425   .2693132    -0.52   0.606   -.6888155    .4083305
       _cons |   66.00026   3.504358    18.83   0.000    58.86212    73.13841
------------------------------------------------------------------------------
```

Graph7

2. Tests

Nachdem im letzten Punkt ein Zusammenhang zwischen der Unabhängigen und Abhängigen Variable festgestellt wurde, müssen als Nächstes mehrere Tests durchgeführt werden.

Als erstes wird auf Linearität geprüft. Das heißt, man prüft ob ein linearer Zusammenhang zwischen den Variablen besteht. Dies wird mit der Hilfe von scatterplots gemacht.

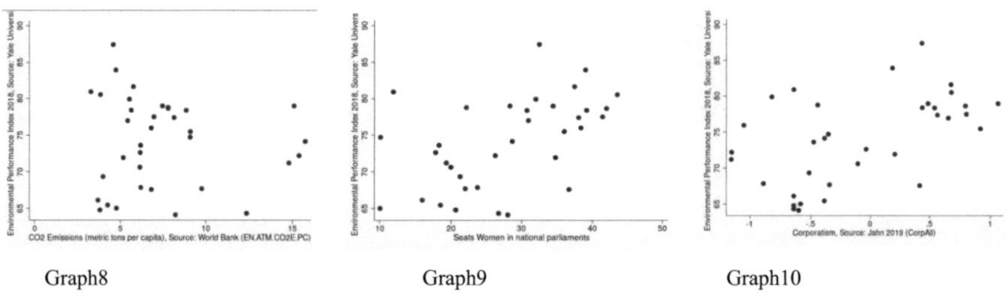

Graph8   Graph9   Graph10

Wie man auf den scatterplots (Graph8, Graph9, Graph10) sehen kann, besteht zwischen allen drei Variablen und epi ein linearer Zusammenhang.

Weiterhin muss man die Multikollinearität prüfen, dass heißt die Unabhängigen Variablen müssen hoch untereinander korrelieren. Dies ist der Fall, wenn die Werte zwischen -0,7 und 0,7 liegen. Dies ist hier (Graph11) der Fall.

```
pwcorr epi Seats corp co2

             |      epi    Seats     corp      co2
-------------+------------------------------------
         epi |   1.0000
       Seats |   0.5046   1.0000
        corp |   0.5226   0.6350   1.0000
         co2 |  -0.0752   0.0078  -0.1523   1.0000
```

Graph11

Die Unabhängigen Variablen korrelieren hoch untereinander.

Der letzte wichtige Test ist der Test auf Heteroskedastizität. Dieser ist erfolgreich, wenn die Varianz der Residuen gleich verteilt ist.

```
Breusch-Pagan / Cook-Weisberg test for heteroskedasticity
        Ho: Constant variance
        Variables: fitted values of epi

        chi2(1)      =      0.92
        Prob > chi2  =    0.3374
```

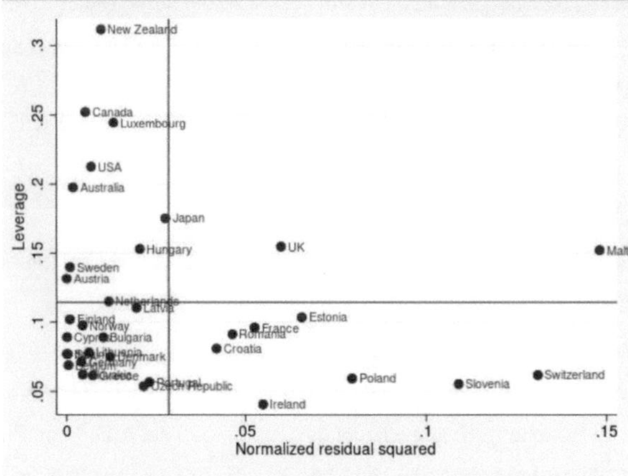

Graph12   Graph13

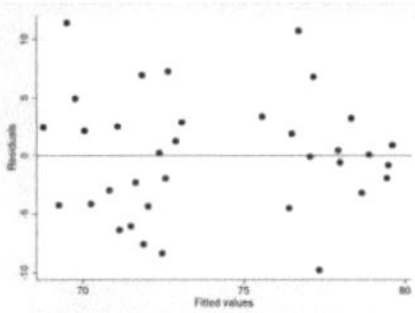

Der Breusch-Pagan/Cook-Weisberg Test (Graph12, Graph13) zeigt einen Wert von 0,337. Da dieser Wert größer als 0,05 ist, muss H1 nicht verworfen werden, da die Varianz der Residuen gleich verteilt ist.

3. Ausreißer

Wie man bereits im Graph4 beobachten konnte, gibt es mehrere Ausreißer, die untersucht werden müssen. Ausreißer sind Werte, die entweder wesentlich höher oder wesentlich niedriger als der Median sind. Wenn man diese Werte nicht beachtet, kann es passieren, dass diese die Ergebnisse der Regression verfälschen.

Im vorliegenden Fall wurden die Ausreißer als Malta und Schweiz identifiziert. Um zu testen, ob diese extreme Einflüsse oder Werte darstellen, wird Cook's Distance benutzt. Bei n=35 liegt unser Grenzwert bei 0,11428. Nur Malta hat höhere Werte als diesen Grenzwert. Wie man in Graph14 sieht, hat Malta sowohl einen extremen Wert, als auch einen extremen Einfluss.

Graph14

Um zu prüfen, wie problematisch der Ausreißer Malta ist, müssen Robustheitstests durchgeführt werden. Sowohl beim Bootstrap, als auch beim Jackknife (Graph15) gibt es zunächst keine Veränderungen, was heißen würde, dass der Einfluss des Ausreißers auf die Regression gering ist. Bestätigen kann man diese These jedoch erst, wenn man den problematischen Fall Malta von den Robustheitstests ausschließt (Graph16).

```
Linear regression                              Number of obs   =        35
                                               Replications    =     1,000
                                               Wald chi2(3)    =     17.34
                                               Prob > chi2     =    0.0006
                                               R-squared       =    0.3238
                                               Adj R-squared   =    0.2584
                                               Root MSE        =    5.3150

             |  Observed   Bootstrap                       Normal-based
         epi |     Coef.   Std. Err.      z    P>|z|     [95% Conf. Interval]
       Seats |  .1901478   .1296935     1.47   0.143    -.0640467    .4443424
        corp |  3.123476   1.767729     1.77   0.077    -.3412097    6.588161
         co2 | -.0477954   .2718357    -0.18   0.860    -.5805836    .4849929
       _cons |   69.3886   4.317026    16.07   0.000     60.92739    77.84982
```

Graph15

```
. reg epi Seats corp co2 if ausreisser != 1

      Source |       SS          df       MS       Number of obs   =        34
-------------+----------------------------------   F(3, 30)        =      7.26
       Model |  524.472139       3   174.824046    Prob > F        =    0.0008
    Residual |  722.739388      30   24.0913129    R-squared       =    0.4205
-------------+----------------------------------   Adj R-squared   =    0.3626
       Total |  1247.21153      33   37.7942887    Root MSE        =    4.9083

         epi |      Coef.   Std. Err.      t    P>|t|     [95% Conf. Interval]
       Seats |   .2605228   .1185641     2.20   0.036     .0183826    .502663
        corp |   3.089048   1.697744     1.82   0.079    -.3782066    6.556303
         co2 |   .0854101   .2524485     0.34   0.737    -.4301584    .6009786
       _cons |   66.04972   3.877805    17.03   0.000     58.13019    73.96925
```

Graph16

Wie man in Graph15 und Graph16 erkennt, gibt es nach dem Ausschluss Maltas eine Veränderung im Robustheitstest. Da Malta ein relativ kleines Land ist, könnte man überlegen, dieses auszuschließen und mit n=34 zu arbeiten. Da die Veränderungen im Robustheitstest jedoch nicht zu stark sind, wird diese Arbeit mit dem Bewusstsein, dass Malta die Ergebnisse leicht nach oben verfälscht, weitermachen.

C.

1. Auswertung und Interpretation der Ergebnisse

Die Arbeit hat mit 35 Beobachtungen gearbeitet, da Island keine Daten zu seine CO_2-Emissionen hat. Die Abhängige Variable (epi) und Unabhängige Variable (Seats) sind beide linksschief und etwas spitzer verteilt als die Normalverteilung. Im Boxplot konnte man bei der Kontrollvariable co2 drei Ausreißer mit Werten über 15 erkennen. Diese waren Australien, Canada und Luxembourg. Bei der zweiten Kontrollvariable (corp) konnte man keine Ausreißer erkennen.

Da zwei metrische Variablen vorlagen, wurde mit Pearsons R und Correlation gearbeitet. Dabei kam ein Wert von 0,5046 raus, welcher einen moderaten Zusammenhang andeutet.

Der Koeffizient von 0,326 bedeutet, dass wenn die UV um 1 steigt, die AV um 0,326 ansteigt. Für die Forschungsfrage bedeutet dies, dass wenn der Anteil von Frauen im Parlament um 1% ansteigt, die Umweltperformanz des Landes um 0,326 ansteigt. Dies ist auch signifikant und kann auf die Grundgesamtheit übertragen werden, da der p-Wert mit 0,0020 unter der Grenze von 0,05 liegt. Zudem zeigt das durchgeführte Regressionsmodell mit einem R²-Wert von 0,3208 eine hohe Erklärungskraft.

Mit dem Linearitätstest wurde ein linearer Zusammenhang zwischen den Variablen nach gewiesen. Zudem wurde eine Multikollinearität bestätigt. Das Modell hat eine Heteroskedastizität von 0,337. Da dieser Wert größer als 0,05 ist, ist bestätigt worden, dass die Varianz der Residuen gleich verteilt ist.

In dem scatterplot wurden die Schweiz, Malta, Japan und Slovakei als Ausreißer vermutet. Durch Cook's Distance wurde Malta mit einem höheren Wert als 0,1142 als Ausreißer bestätigt. Zusätzlich wurde bestätigt, dass Malta einen extremen Wert hat, welcher zusätzlich extrem beeinflusst. Um diesen Einfluss zu prüfen, wurde nach den unauffälligen Robustheitstest des Modells Malta ausgeschlossen. Dadurch konnte eine Veränderung beobachtet werden, welche den Einfluss auf die Regression darstellte. Da jedoch der Wert nur leicht verstärkt wurde, wurde Malta nicht aus der Regression ausgeschlossen.

Schlussendlich zeigt die Regression, das der Anteil von Frauen im Parlament eine positive Wirkung auf die Umweltperformanz eines Landes hat.

```
reg epi Seats corp co2
```

Source	SS	df	MS			
				Number of obs	=	35
				F(3, 31)	=	4.95
Model	419.407376	3	139.802459	Prob > F	=	0.0064
Residual	875.712673	31	28.2487959	R-squared	=	0.3238
				Adj R-squared	=	0.2584
Total	1295.12005	34	38.0917661	Root MSE	=	5.315

epi	Coef.	Std. Err.	t	P>|t|	[95% Conf.	Interval]
Seats	.1901478	.124775	1.52	0.138	-.0643324	.4446281
corp	3.123476	1.838348	1.70	0.099	-.6258603	6.872811
co2	-.0477954	.2673044	-0.18	0.859	-.5929662	.4973755
_cons	69.3886	3.946356	17.58	0.000	61.33996	77.43725

Graph17

2. Resümée/Fazit

Das Ergebnis der empirischen Überprüfung ist positiv. Je mehr Frauen in einem
Parlament sitzen, desto größer ist dessen Landes Umweltperformanz. Unsere
Hypothese:

*H1: Länder mit einem höheren Frauenanteil im Parlament, haben auch eine höhere
Umweltperformanz.*

kann damit bestätigt werden. Damit wurde auch bestätigt, dass Frauen tatsächlich einen
politischen Unterschied machen. Ganz besonders gilt dies, bei pro-socialen Themen wie
der Klimawandel.[15] Die unterstützt das Vorhaben vieler, eine Art Frauenquote in der
Politik einzuführen, mit Daten.

Zu beachten ist das diese Arbeit durchauch ihre Lücken hat. So wurde zum Beispiel nur
Daten von 2017 analysiert. Außerdem wurden auch nur 35 entwickelte
Wirtschaftsnationen angeschaut.

Für zukünftige Arbeiten könnte es durchaus spannend sein, einen größeren Zeitraum
und vielleicht auch Entwicklungsländer zu analysieren.

---

15 Hunter et al., 2004

Literaturverzeichnis

- Alesina, A., Giuliano, P., Nunn, N., 2011. On the Origins of Gender Roles: Women and the Plough. National Bureau of Economic Research. https://doi.org/10.2139/ssrn.1856152

- Armbruster, K., 1999. Ecofeminist Natures: Race, Gender, Feminist Theory and Political Action. Interdisciplinary Studies in Literature and Environment 6, 150–152. https://doi.org/10.1093/isle/6.1.150

- Dollar, D., Fisman, R., Gatti, R., 2001. Are women really the "fairer" sex? Corruption and women in government. Journal of Economic Behavior and Organization 46, 423–429. https://doi.org/10.1016/s0167-2681(01)00169-x

- Ergas, C., York, R., 2012. Women's status and carbon dioxide emissions: A quantitative cross-national analysis. Social Science Research 41, 965–976. https://doi.org/10.1016/j.ssresearch.2012.03.008

- Goldsmith, R.E., Goldsmith, R.E., Feygina, I., Jost, J.T., 2013. The Gender Gap in Environmental Attitudes: A System Justification Perspective 159–171. https://doi.org/10.1007/978-94-007-5518-5_12

- Hannah Salamon, 2022. The Effect of Women's Parliamentary Participation on Renewable Energy Policy Outcomes. European Journal of Political Research. https://doi.org/10.1111/1475-6765.12539

- Hunter, L.M., Hatch, A., Johnson, A.S., Johnson, A., Johnson, A.W., 2004. Cross-National Gender Variation in Environmental Behaviors*. Social Science Quarterly 85, 677–694. https://doi.org/10.1111/j.0038-4941.2004.00239.x

- Jayasuriya, D., Burke, P.J., 2012. Female Parliamentarians and Economic Growth: Evidence from a Large Panel. Applied Economics Letters. https://doi.org/10.1080/13504851.2012.697113

- Data Set Lehrforschung 2017, Seminar Lisa Klagges

- Lv, Z., Chao Deng, Chao Deng, Chao Deng, Deng, C., 2019. Does women's political empowerment matter for improving the environment? A heterogeneous dynamic panel analysis. Sustainable Development 27, 603–612. https://doi.org/10.1002/sd.1926

- Lv, Z., Gao, Z., Xu, T., 2020. Female parliamentarians and environmental performance: the role of the income threshold. Environmental Science and Pollution Research 27, 21273–21280. https://doi.org/10.1007/s11356-020-08639-x

- Salahodjaev, R., Jarilkapova, D., 2019. Female parliamentarism and genuine savings: A cross-country test. Sustainable Development 27, 637–646. https://doi.org/10.1002/sd.1928

- Wittmer, D.E., Bouché, V., 2013. The Limits of Gendered Leadership: Policy Implications of Female Leadership on "Women's Issues." Politics & Gender 9, 245–275. https://doi.org/10.1017/s1743923x1300024x

- World Bank Open Data (2019e). World Development Indicators: Proportion of seats held by women in national parliaments (%). https://data.worldbank.org/indicator/SG.GEN.PARL.ZS